Natacha Lescaille Elias
Maurice González Basulto

Tópicos seleccionados para a Gestão de Resíduos Radioactivos

Natacha Lescaille Elias
Maurice González Basulto

Tópicos seleccionados para a Gestão de Resíduos Radioactivos

Em Medicina Nuclear

ScienciaScripts

Imprint
Any brand names and product names mentioned in this book are subject to trademark, brand or patent protection and are trademarks or registered trademarks of their respective holders. The use of brand names, product names, common names, trade names, product descriptions etc. even without a particular marking in this work is in no way to be construed to mean that such names may be regarded as unrestricted in respect of trademark and brand protection legislation and could thus be used by anyone.

Cover image: www.ingimage.com

This book is a translation from the original published under ISBN 978-620-2-11315-1.

Publisher:
Sciencia Scripts
is a trademark of
Dodo Books Indian Ocean Ltd. and OmniScriptum S.R.L publishing group

120 High Road, East Finchley, London, N2 9ED, United Kingdom
Str. Armeneasca 28/1, office 1, Chisinau MD-2012, Republic of Moldova, Europe
Printed at: see last page
ISBN: 978-620-5-66705-7

TEMAS SELECCIONADOS PARA A GESTÃO DE RESÍDUOS RADIOACTIVOS EM MEDICINA NUCLEAR

MSC. MAURICE GONZÁLEZ BASULTO. PROFESSOR ASSISTENTE. UNIVERSIDADE DE CIÊNCIAS MÉDICAS DE CAMAGÜEY.

DR.C. NATACHA LESCAILLE ELIAS. PROFESSOR CATEDRÁTICO.

MINISTÉRIO DA SAÚDE PÚBLICA

2023

ÍNDICE

PREÂMBULO

Nas Universidades Médicas, as actividades de ensino e investigação são desenvolvidas em diferentes áreas do conhecimento, o que possibilita o avanço da ciência e a formação de profissionais para a constante construção do país. Algumas destas actividades envolvem a utilização e manipulação de materiais radioactivos; por conseguinte, devem ser realizadas no quadro de uma sólida cultura de segurança e prevenção de riscos, que também tem em conta o facto de haver constantes mudanças nos conteúdos em que os estudantes são formados, bem como inovações na investigação.A Universidade sempre se mostrou pioneira na implementação de programas institucionais em benefício da sociedade universitária, pelo que a responsabilidade de levar a cabo uma gestão adequada dos seus resíduos radioactivos é um compromisso moral, ético e legal da Universidade e dos centros de assistência que prestam serviços que envolvem estas práticas. A segurança radiológica tem as suas origens nos desastres radioactivos ocorridos no mundo, com a sua principal referência na explosão do hidrogénio acumulado no reactor 4 da central nuclear de Chernobyl (Ucrânia), em 26 de Abril de 1986. Esta explosão é considerada o acidente nuclear mais grave de acordo com a Escala Internacional de Acidentes Nucleares. Embora as instalações universitárias e os centros de saúde não abrigem riscos desta magnitude, os sistemas de segurança radiológica para a manipulação de materiais radioactivos e resíduos são necessariamente adaptados aos sistemas internacionais, concebidos pelo estudo científico das falhas que causaram acidentes. Daí a importância de seguir regulamentos rigorosos desde a chegada dos materiais às instalações, até à remoção dos seus resíduos, materiais e equipamentos com substâncias radioactivas que possam causar riscos.

DEFINIÇÕES

Acidente: qualquer evento não intencional, incluindo erros de funcionamento, falhas de equipamento ou outros percalços, cujas consequências reais ou potenciais não sejam negligenciáveis de um ponto de vista de segurança ou de protecção.

Acondicionamento: actividades destinadas a produzir um pacote de resíduos adequado para o manuseamento, transporte, armazenamento e/ou eliminação. O acondicionamento pode incluir a conversão dos resíduos de uma forma de resíduos sólidos, a sua colocação em contentores e, se necessário, o seu fornecimento com embalagens adicionais.

Armazenamento: colocação dos resíduos radioactivos numa instalação adequada onde são aplicadas medidas de isolamento, protecção ambiental e controlo humano (por exemplo, vigilância) com o objectivo de recuperar os resíduos para tratamento e acondicionamento e/ou eliminação posterior.

Autorização: permissão concedida num documento pelo Secretário de Estado do Ambiente e Recursos Naturais a uma entidade jurídica que tenha apresentado um pedido para levar a cabo uma prática que envolva o manuseamento e/ou utilização de material radioactivo. A autorização pode assumir a forma de registo ou de emissão de uma licença.

Autorizado: com autorização aprovada pelas autoridades competentes.

Resíduos a granel: produto do acondicionamento que compreende a forma de resíduos e quaisquer recipientes e barreiras internas, preparado de acordo com os requisitos estabelecidos para o manuseamento, transporte, armazenamento e/ou eliminação.

Contaminação: a presença de substâncias radioactivas dentro de um material ou numa superfície, ou no corpo humano ou noutro lugar onde sejam indesejáveis ou possam ser nocivas.

Contenção: métodos ou estruturas físicas que impedem a dispersão de substâncias radioactivas.

Controlo institucional: controlo de um local de resíduos pela autoridade ou instituição. designado em conformidade com a legislação em vigor. Este controlo pode ser activo, se for vigilância; acções de monitorização ou correctivas e passivo, se for controlo do uso do solo.

Descargas ou descargas radioactivas: substâncias radioactivas de uma fonte atribuída a uma prática que são descarregadas sob a forma de gases, aerossóis, líquidos ou sólidos no ambiente, geralmente com o objectivo de diluição e dispersão.

Desclassificação ou Descompensação: libertação de materiais ou objectos radioactivos, atribuídos a práticas A Empresa não está sujeita a qualquer outro controlo por parte das autoridades reguladoras.

Resíduos desclassificados: No contexto da gestão dos resíduos radioactivos, os resíduos declarados isentos do controlo regulamentar nuclear, de acordo com os níveis de isenção, porque os riscos radiológicos associados são considerados negligenciáveis. A identificação pode ser feita com base na concentração de actividade e/ou actividade total, e pode incluir uma especificação do tipo, forma química ou física, massa ou volume dos resíduos.

Resíduos radioactivos: materiais, independentemente da sua forma física, que permanecem como resíduos de práticas ou intervenções e para os quais não está prevista qualquer utilização: que contêm ou estão contaminados por substâncias radioactivas e têm uma actividade ou concentração de actividade acima do nível de isenção dos requisitos regulamentares, e cuja exposição não está excluída das Normas.

Eliminação final: colocação de resíduos numa instalação especificada e aprovada (por exemplo, perto da superfície ou num depósito geológico) sem intenção de recuperação. A eliminação pode também incluir a descarga directa autorizada de efluentes (por exemplo, resíduos líquidos e gasosos) no ambiente, com subsequente dispersão.

Entidade Geradora de Resíduos: entidade que utiliza a instalação onde os resíduos são produzidos. resíduos.

Avaliação de segurança: exame dos aspectos da concepção e funcionamento de uma fonte relevantes para a protecção das pessoas ou da segurança da fonte, incluindo a análise das medidas de segurança e protecção tomadas nas fases de concepção e funcionamento da fonte, e análise dos riscos associados às condições normais e às situações de acidente.

Forma do resíduo: forma física e química do resíduo após tratamento e/ou acondicionamento (resultando num produto sólido) antes da embalagem. A forma de resíduo é um componente do pacote de resíduos. **Fonte:** qualquer coisa que possa causar exposição à radiação, quer emitindo radiação ionizante, quer libertando substâncias ou materiais radioactivos. Por exemplo, os materiais emissores de radão são fontes existentes no ambiente, uma unidade de esterilização por radiação gama é uma fonte ligada à prática da conservação de alimentos por radiação, um aparelho de raios X pode ser uma fonte ligada à prática do radiodiagnóstico.

Fonte Selada: material radioactivo que está permanentemente encerrado numa cápsula ou embalado hermeticamente e em forma sólida. A cápsula ou material de uma fonte selada deve ser suficientemente robusta para manter a estanqueidade sob as condições de utilização e desgaste a que a fonte se destina, bem como em caso de percalços previsíveis.

Fontes não seladas: material radioactivo que não se encontra permanentemente fechado numa cápsula ou bem embrulhado e em forma sólida.

Gestão de Resíduos Radioactivos: todas as actividades administrativas e operacionais necessárias para a manipulação, pré-tratamento, tratamento, acondicionamento, armazenamento e eliminação de resíduos de uma instalação nuclear. O transporte é considerado como incluído.

Contaminação radioactiva de superfícies: a presença de material radioactivo em superfícies, ou no interior de sólidos, líquidos ou gases, quando tal presença não é intencional nem desejável, ou um processo que resulta na presença de material radioactivo em tais locais, em quantidades acima dos níveis estabelecidos no Guia. A contaminação de superfícies ocorre como consequência do funcionamento normal dos dispositivos, ferramentas e sistemas ou devido a eventos acidentais e acidentes descontrolados, tais como: derrames e salpicos, transporte de material radioactivo dentro da área e sua remoção do contentor, contaminação do próprio contentor porque o conteúdo não está devidamente protegido ou porque as barreiras concebidas falharam, colocação de materiais radioactivos em locais não autorizados, em condições inadequadas e sem qualquer sinalização, agitação em copos, quebra de aparelhos de vidro, fugas de filtros, transferência de material radioactivo de uma área para outra, negligência do trabalhador, etc. As unidades são Bq/cm2.

Contaminação fixa da superfície radioactiva: contaminação que não é transferida da superfície contaminada para superfícies não contaminadas, quando estas estão em contacto.

Contaminação de superfícies radioactivas removíveis: contaminação que pode ser transferida de superfícies contaminadas para superfícies não contaminadas quando estas entram em contacto. É do maior interesse radiológico, uma vez que é facilmente transferível e constitui, portanto, uma fonte potencial de contaminação interna e externa dos trabalhadores.

Equipamento de monitorização da contaminação radioactiva da superfície: equipamento de detecção especialmente concebido e calibrado para avaliar a contaminação da superfície.

Descontaminação descontaminação: procedimento estabelecido para eliminar e/ou diminuir a contaminação superficial.

INTRODUÇÃO

Os resíduos radioactivos são gerados em diferentes tipos de instalações, podem ter uma vasta gama de concentrações de radionuclídeos, e podem estar numa variedade de estados físicos e químicos. Estas diferenças traduzem-se numa gama igualmente ampla de opções de gestão. Existem várias alternativas para o processamento e armazenamento de resíduos a curto ou longo prazo antes da sua eliminação. Do mesmo modo, existem várias alternativas para a eliminação segura de resíduos, desde a eliminação próxima da superfície até à eliminação geológica. As aplicações e benefícios que foram encontrados ao longo do século XX para a radiação ionizante no campo da saúde eram tão formidáveis que o progresso era imparável. No que diz respeito ao diagnóstico, a obtenção de imagens do interior do organismo a partir do exterior era impensável antes da Roentgen. Por outro lado, o reconhecimento de que o efeito deletério da radiação podia implicar a sua utilização na destruição de tecidos malignos era sem dúvida um marco na forma de lidar com doenças até agora consideradas como intoleráveis.A medicina actual é impensável sem a utilização de metodologias altamente complexas, muitas das quais empregam radiação ionizante. Isto implica que a radioprotecção é um item essencial nos conhecimentos necessários para os profissionais envolvidos nos procedimentos, os médicos e técnicos envolvidos e, fundamentalmente, o médico médico. As radiações ionizantes já estavam presentes antes do início da humanidade. Fez sempre parte da nossa vida quotidiana, e é um agente natural com o qual convivemos. Além disso, os seres humanos tentaram por todos os meios encontrar uma utilização benéfica para a radiação; foi mesmo incluída em elementos que não eram suspeitos de serem nocivos, por exemplo: brinquedos, pasta de dentes, etc. Correndo o risco de insistir em algo óbvio, gostaríamos de salientar que quando a radiação ionizante é utilizada no campo da medicina nuclear, existem dois contextos. Quando são utilizados para um estudo No diagnóstico, o efeito biológico tenta-se evitar o mais possível, uma vez que é a possibilidade da radiação ser detectada à distância que está a ser utilizada, e não o seu efeito nos tecidos. Quando se destinam à radioterapia metabólica, parte do efeito biológico é aquilo de que estamos a tentar tirar partido. Os muitos aspectos da medição da radiação e a consequente protecção devem tornar-se a principal consideração sempre que o material radioactivo é utilizado. Os efeitos reais da radiação não são completamente conhecidos, mas pode dizer-se em geral que toda a radiação é potencialmente prejudicial e, portanto, devem ser tomadas medidas para evitar exposições desnecessárias. Alguns factores a considerar incluem, tipo e energia da radiação, potência penetrante, capacidade de ionização, meia-vida física (radioactiva), meia-vida biológica, meia-vida efectiva. O pessoal que utiliza material radioactivo deve estar familiarizado com as diferentes unidades radioactivas.radiação e reconhecer a necessidade de certas limitações à exposição à radiação. O tema da protecção em medicina nuclear vai desde os mecanismos biológicos pelos quais ocorrem danos por radiação e o cálculo matemático do risco, até aos detalhes mais comuns e práticos de simples medidas de protecção, o controlo da radiação recebida e a legislação existente a este respeito.Actualmente, a utilização de radiação ionizante em Cuba está associada a aplicações em medicina, indústria, ensino e investigação, pelo que os resíduos radioactivos gerados são de baixa e média actividade. Para garantir que as práticas com fontes, incluindo a gestão de resíduos radioactivos, sejam levadas a cabo em segurança e para proteger as pessoas e o ambiente contra os efeitos nocivos da radiação ionizante, o Estado cubano adoptou as disposições necessárias para criar uma infra-estrutura nacional que inclua o quadro legal e regulamentar para a gestão de resíduos radioactivos.quadro regulador adequado, atribuindo clara e inequivocamente as responsabilidades relacionadas com o O Centro Nacional de Segurança Nuclear (CNSN), actualmente ORSA (Environmental Safety Regulatory Agency), foi criado como Organismo Regulador. A recolha, tratamento e armazenamento temporário de resíduos radioactivos no país são efectuados a nível central pelo Centro de Protecção contra as Radiações e Higiene (CPHR), que dispõe das instalações necessárias.

MEDICINA NUCLEAR

Medicina Nuclear (NM), de acordo com a definição estabelecida em 1972 em Genebra pela Organização Mundial de Saúde e pela AIEA, "é a especialidade que trata do diagnóstico, tratamento e investigação médica através da utilização de radioisótopos como fontes abertas". Quando são utilizados para fins de diagnóstico, a propriedade emissora dos radioisótopos é utilizada para os detectar à distância; quando a intenção é terapêutica, é explorado o efeito deletério que a radiação pode ter nos tecidos.O procedimento de imagiologia em medicina nuclear requer a administração (intravenosa, subdérmica, oral, inalatória, etc.).) de uma dose de marcador de uma substância radioactiva ou radiofármaco; uma dose de marcador é uma quantidade mínima, capaz de "marcar", mas sem perturbar a fisiologia do alvo em questão.o radiofármaco consiste na combinação de um ligante que determina a sua biodistribuição e um radioisótopo responsável pela geração de um sinal detectável.um estudo de diagnóstico baseado na detecção de um radiofármaco não se reduz a uma mera detecção. Se fosse, um simples contador Geiger seria suficiente, ou mesmo mais, um simples monitor de filme, que são certamente capazes de detectar a radioactividade proveniente do radiofármaco emitido pelo paciente (que funciona como uma fonte não selada). Muitas vezes esta detecção resulta na elaboração de uma imagem onde verificamos esta distribuição. E se possível, tentamos muitas vezes também medir (quantificar) essa distribuição. Um facto que não pode ser ignorado é que o paciente está a emitir radiação electromagnética em todas as direcções e para todos os lados. Para que os cristais do nosso equipamento possam elucidar de onde vem a radiação que vão analisar e atribuí-la a um local preciso, existem duas possibilidades. Uma é colimar a radiação colocando um colimador em frente ao cristal que só permite a passagem da radiação proveniente de um determinado ponto (isto é feito na Câmara Gama e SPECT). Esta forma de detectar a origem com um colimador, paga o custo de baixar muito a sensibilidade da detecção (não são utilizadas todas as informações de que o colimador se desfaz). A outra possibilidade é utilizar radioisótopos emissores de positrões. Estes manifestam-se como consequência do fenómeno de aniquilação por dois raios de 511 keV, que, por serem emitidos a 180º, se forem utilizados dois detectores opostos, transportam a informação da sua origem e a colimação física com um elemento externo não é necessária; este é o método utilizado no PET. É extremamente mais sensível, a sua capacidade de detecção é enorme, mas só é válida para radioisótopos emissores de pósitrons e equipamento muito mais complexo. Quando falamos genericamente de radiofármacos, estamos a incluir tanto os radioisótopos primários como os compostos rotulados. Como mencionado acima, qualquer destas estruturas deve incluir um radioisótopo que emita um sinal detectável a fim de ser utilizado em medicina nuclear. Por vezes, o radioisótopo que utilizamos, por si só, é capaz de se distribuir num determinado espaço que queremos investigar, ou de rotular um processo metabólico que estamos a estudar. Neste caso, o radionuclídeo não precisa de estar ligado a um ligante para servir o nosso propósito. Em si mesmo, o radioisótopo primário, pelas suas características químicas, é um radiofármaco. Outras vezes, é necessário ligar o radionuclídeo a um medicamento que o direccione para o evento que queremos detectar. Nesses casos, o radiofármaco é um composto rotulado. Os compostos rotulados são essencialmente uma associação entre dois componentes, um radionuclídeo e uma molécula que funciona como veículo e direcciona selectivamente o radiofármaco para um espaço específico.

Características ideais

As características ideais que um radiofármaco possui são:

- Localização rápida
- Alto rácio de actividade de órgão alvo/órgão não alvo
- Exclusividade no tecido patológico (caso de lesão a quente)
- Lavagem rápida dos tecidos de fundo para melhor contraste
- Excreção rápida
- Ausência de efeitos secundários
- Livre de interacção com outros medicamentos
- Disponibilidade e facilidade de preparação
- Meia-vida curta efectiva
- Certo tipo de emissão radioactiva

Rotas de administração de alguns radiofármacos

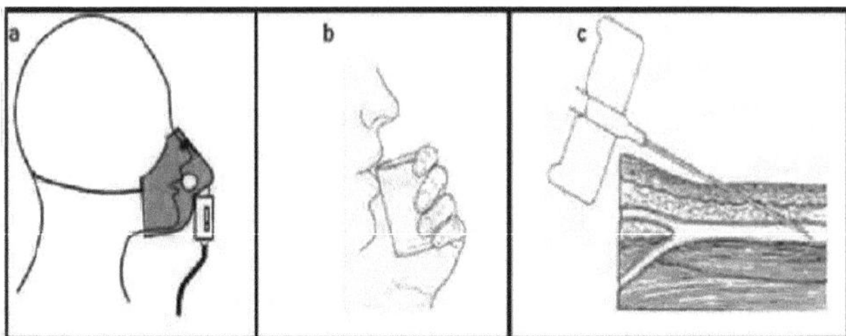

A. Por inalação. B. Por administração oral. C. Por injecção intravenosa.

A medicina nuclear oferece geralmente uma detectabilidade precoce dos fenómenos em estudo em comparação com outros métodos de diagnóstico. As imagens da medicina nuclear externalizam um evento a nível molecular, por vezes antecipando no tempo danos estruturais que o tornarão detectável também por outros métodos. Embora as imagens da medicina nuclear estejam longe da resolução obtida noutras modalidades, fornecem informações sobre processos metabólicos alterados. do organismo vivo, num universo muito pequeno (uma área da ordem dos picogramas), muitas vezes inacessível mesmo por outras disciplinas. Estas alterações são determinadas ou por um aumento da concentração do radiofármaco num órgão de interesse (lesões quentes) ou por uma diminuição ou ausência numa região em que normalmente haveria actividade (lesão fria).

No âmbito da distribuição de instalações de medicina nuclear estão:

Sala quente: local onde o material radioactivo é recebido e manuseado até a seringa (em caso de administração intravenosa) ser obtida com a actividade de acordo com cada paciente. Os resíduos radioactivos são também depositados para decomposição antes de serem eliminados como lixo hospitalar comum.
Sala de administração radiofarmacêutica: local onde o paciente recebe a actividade a realizar o estudo

Sala de espera de pacientes injectados: sala especial para pacientes injectados, que não estão autorizados a circular em áreas do serviço livres de radiação.

Sala de aquisição: local onde se encontra o equipamento (GC ou PET).

Sala de processamento: local onde o equipamento é operado, as imagens são processadas e relatórios.

Técnicas de diagnóstico em medicina nuclear

Na medicina nuclear, os radionuclídeos são utilizados para obter informações de diagnóstico sobre o corpo humano. As técnicas utilizadas neste campo podem ser amplamente divididas em duas categorias: procedimentos in vitro e procedimentos in vivo.

In vitro: Os procedimentos de diagnóstico in vitro são aplicados fora do corpo, por exemplo num tubo de ensaio ou numa placa de cultura. No campo da medicina nuclear, alguns procedimentos, tais como o radioimunoensaio ou a análise imunoradiométrica, concentram-se principalmente na determinação de predisposições a certas doenças e na realização de um diagnóstico precoce através da genotipagem e perfil molecular para uma série de doenças. Isto pode variar desde a detecção de alterações em células cancerosas e marcadores tumorais, até à medição e rastreio de hormonas, vitaminas e medicamentos para detectar doenças nutricionais e endócrinas, ou infecções bacterianas e parasitárias, tais como tuberculose e malária.

In vivo: Os procedimentos in vivo não invasivos são realizados no interior do corpo e constituem a maioria das intervenções mais comuns em medicina nuclear. Estes métodos envolvem a utilização de radiofármacos, ou seja, materiais radioactivos cuidadosamente seleccionados que são absorvidos pelo corpo do paciente e, devido às suas propriedades químicas particulares, actuam sobre tecidos e órgãos específicos, tais como os pulmões ou o coração, sem os perturbar ou danificar. O material radioactivo é então identificado utilizando um detector especial localizado fora do corpo, tal como uma câmara gama, que é capaz de detectar as pequenas quantidades de radiação libertadas pelo material. A câmara transforma esta informação em imagens bi ou tridimensionais do tecido ou órgão em questão.

O QUE SÃO RADIOISÓTOPOS?

Cada elemento atómico sabe exactamente quantos prótons e neutrões precisa de ter no seu centro (núcleo) para ser estável (para permanecer na sua forma elementar). Os radioisótopos são elementos atómicos que não têm a proporção correcta de prótons e neutrões para se manterem estáveis. Com um número desequilibrado de prótons e neutrões, o átomo emite energia numa tentativa de se tornar estável. Por exemplo, um átomo de carbono estável tem seis prótons e seis neutrões. O carbono 14, o seu isótopo instável (e portanto radioactivo), tem seis prótons e oito nêutrons. O Carbono 14 e todos os outros elementos instáveis são chamados radioisótopos. Este movimento para a estabilidade, que envolve a emissão de energia do átomo sob a forma de radiação, é conhecido como decomposição radioactiva. Esta radiação pode ser rastreada e medida, tornando os radioisótopos muito úteis na indústria, agricultura e medicina. Existem tanto radioisótopos naturais como radioisótopos fabricados pelo homem. Mas para uso médico utilizamos apenas os produzidos por reactores nucleares e ciclotrões, porque são fáceis de fabricar, têm as características necessárias para a imagiologia e têm tipicamente meia-vida muito mais curta do que os seus irmãos naturais. A meia-vida é o tempo necessário para o radioisótopo se decompor para metade da sua actividade original, o que nos diz quanto tempo irá durar. Os radioisótopos com meias-vidas muito longas são mais estáveis e, portanto, menos radioactivos. As meias-vidas dos radioisótopos utilizados em medicina variam entre alguns minutos e alguns dias.

Como utilizamos os radioisótopos em medicina?

Alguns radioisótopos emitem radiação alfa ou beta, que é utilizada para tratar doenças como o cancro. Outros emitem radiação gama e/ou positrónica, que é utilizada em conjunto com poderosos scanners médicos e câmaras fotográficas para processos e estruturas de imagem no interior do corpo e para o diagnóstico de doenças. Os radioisótopos têm uma variedade de utilizações em ambientes hospitalares (clínicos). São utilizados para tratar doenças da tiróide e artrite, para aliviar dores de artrite e dores associadas ao cancro ósseo, e para tratar tumores hepáticos. Na braquiterapia do cancro, uma forma de radioterapia interna, os radioisótopos são utilizados no tratamento do cancro da próstata, mama, olhos e cérebro. São também muito eficazes no diagnóstico de aterosclerose coronária e necrose miocárdica. Na medicina, dois dos radioisótopos mais utilizados são o tecnécio 99m e o iodo 131. O tecnécio 99m, um emissor gama, é utilizado para a imagiologia do esqueleto e do miocárdio, em particular, mas também do cérebro, tiróide, pulmões (perfusão e ventilação), fígado, baço, rim (estrutura e taxa de filtração), vesícula biliar, medula óssea, glândulas salivares e lacrimais, circulação sanguínea no coração e infecções, bem como para numerosos outros estudos médicos especializados. A Iodo-131 é amplamente utilizada para tratar a hiperfunção da glândula tiróide, cancro da tiróide e imagens da tiróide. É um emissor de beta, o que o torna útil para uso terapêutico. Os radioisótopos são também utilizados na investigação médica para estudar o funcionamento normal e anormal dos sistemas e dispositivos dos órgãos. Pode também ser útil na investigação do desenvolvimento de medicamentos.

Porque é que usamos radioisótopos em medicina? O que há de tão especial neles?

Os radioisótopos são especiais porque certos órgãos do corpo têm formas únicas de responder a diferentes substâncias. Por exemplo, a tiróide absorve iodo, mais do que qualquer outro químico, pelo que o radioisótopo iodo131 é amplamente utilizado no tratamento do cancro da tiróide e da imagem da tiróide. Da mesma forma, outros órgãos, tais como o fígado, rim e cérebro, absorvem e metabolizam químicos radioactivos específicos. Mas para que os radioisótopos atinjam o órgão alvo, na maioria dos casos precisam de ser transportados no dorso de outra coisa (uma molécula biologicamente activa). Por exemplo, para que o tecnécio-99m alcance tecidos cardíacos para diagnosticar doenças cardíacas, está normalmente ligado a seis moléculas de metoxiisobutilo isonitrilo. As formulações de moléculas marcadas com radioisótopos (chamadas radiofarmacêuticas) são inaladas, ingeridas ou injectadas para ajudar os médicos a medir o tamanho e função dos órgãos, detectar distúrbios e direccionar o tratamento para uma área específica. Os radioisótopos são também especiais porque a sua utilização proporciona aos pacientes e médicos a opção de utilizar técnicas cirúrgicas minimamente invasivas em vez das operações cirúrgicas em larga escala, muito mais arriscadas, com um período de recuperação difícil, que eram feitas no passado para tratar a maioria das condições. Os radioisótopos permitem o tratamento selectivo de todos os focos visíveis e invisíveis de doença no corpo.

Os radioisótopos são perigosos para os doentes?

Os radioisótopos administrados aos doentes durante o diagnóstico ou a decomposição do tratamento e tornam-se imediatamente estáveis (não radioactivos) elementos em minutos ou horas, dependendo da sua meia-vida, ou são rapidamente eliminados do corpo. Os médicos escolhem radioisótopos para utilização que têm a meia-vida e energia apropriadas para obter o melhor tratamento, diagnóstico ou informação possível sem danificar de forma alguma o tecido orgânico normal. Por exemplo, o tecnécio-99m tem uma meia-vida de seis horas e emite 140 keV (kiloelectronvolts) de energia, que é muito baixa e insuficiente para causar danos aos pacientes. Os médicos são também muito cuidadosos com a quantidade de radioisótopos que administram aos pacientes, a fim de aplicar a dose mínima de radiação para garantir que sejam obtidas imagens de qualidade aceitável.

O QUE SÃO RADIOFÁRMACOS?

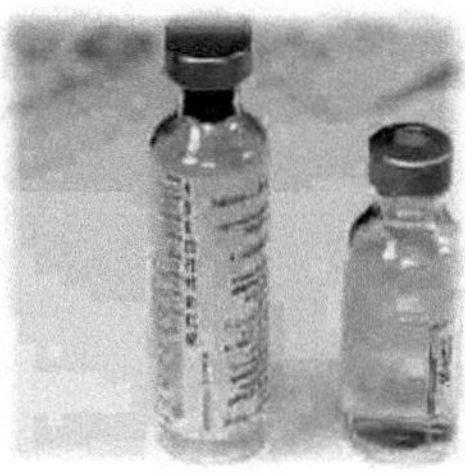

Os radiofármacos são medicamentos que contêm substâncias radioactivas chamadas radioisótopos. Os radioisótopos são átomos que emitem radiação sob a forma de raios gama ou partículas. Em alguns casos, os radiofármacos utilizam radioisótopos que emitem uma combinação destes tipos de radiação. Os radioisótopos utilizados em radiofármacos podem ser produzidos irradiando um alvo específico dentro de um reactor de investigação nuclear ou em aceleradores de partículas, tais como os ciclotrões. Uma vez produzidos, os radioisótopos são ligados a certas moléculas, dependendo das suas características biológicas, que se tornam então os radiofármacos. Quando um médico decide utilizar radiofármacos num paciente para fins de diagnóstico e/ou tratamento, estes medicamentos são geralmente administrados por injecção, oralmente ou através de uma cavidade corporal. Dentro do corpo, as diferentes características físicas e propriedades biológicas dos radiofármacos fazem com que estes interajam com diferentes proteínas ou açúcares, ou que adiram a eles. Isto, por sua vez, significa que os fármacos tendem a concentrar-se mais em certas partes do corpo, dependendo das características biológicas dessas áreas. Por exemplo, já existem vários radiofármacos que se acumulam preferencialmente nos tecidos cancerosos e são instrumentos eficazes para o diagnóstico e tratamento de certos tipos de cancro. O mesmo se aplica a outros radiofármacos. Em poucas horas ou poucos dias, o radiofármaco dissipa-se a níveis indetectáveis e/ou é eliminado e desaparece completamente do corpo.

GESTÃO DOS RESÍDUOS RADIOACTIVOS

Actividades em que materiais radioactivos são utilizados ou produzidos para fins médicos, industriais ou de investigação e instalações relacionadas com o ciclo do combustível nuclear para produção de energia geram resíduos radioactivos como resultado do seu funcionamento: "Os resíduos radioactivos são qualquer material ou produto residual, para o qual não está prevista nenhuma utilização, que contenha ou esteja contaminado com radionuclídeos em concentrações ou níveis de actividade superiores aos estabelecidos pelo Ministério da Indústria e Energia, na sequência de um relatório do Conselho de Segurança Nuclear (CSN).

A Agência Internacional de Energia Atómica (AIEA) faz recomendações sobre segurança na gestão de resíduos radioactivos, as directivas da União Europeia sobre o assunto e o quadro regulamentar cubano, os seguintes princípios podem ser resumidos como princípios de segurança que devem orientar a gestão de resíduos radioactivos:

1: Protecção da saúde humana e protecção do ambiente. 2: Protecção para além das fronteiras nacionais.
3: Protecção das gerações futuras.

4. Necessidade de não impor encargos indevidos às gerações futuras.

5: Necessidade de um quadro jurídico nacional e independência dos organismos reguladores. 6: Controlo da produção de resíduos radioactivos: Minimização da sua produção.
7: Necessidade de ter em conta as interdependências entre todas as fases de geração e gestão dos resíduos radioactivos.

8: Necessidade de garantir a segurança das instalações de gestão durante toda a sua vida.

Do ponto de vista da sua gestão final, a classificação dos resíduos radioactivos refere-se aos períodos em que decaem e à actividade que lhe é intrínseca, tais categorias são classificadas da seguinte forma:

1. Resíduos de actividade muito baixa (vida curta e média).

2. Resíduos de actividade muito baixa (longa duração).

3. Resíduos de actividade baixa e média (vida curta e média).

4. Resíduos de actividade baixa e média (longa duração).

5. Resíduos de alta actividade.

De acordo com (IAEA 2017), os resíduos radioactivos são materiais sob qualquer forma física, que permanecem como resíduos de práticas ou intervenções e para os quais não está prevista qualquer utilização, que contêm ou estão contaminados por substâncias radioactivas e têm uma actividade ou concentração de actividade acima do nível de isenção dos requisitos regulamentares. Os resíduos radioactivos, de acordo com o Conselho de Segurança Nuclear (2013), são materiais que contêm, ou estão contaminados por radionuclídeos em concentrações ou actividades acima do nível de isenção estabelecido e para os quais não está prevista qualquer utilização.

RESÍDUOS RADIOACTIVOS SÓLIDOS

Os isótopos são utilizados administrando-os aos doentes, pelo que os resíduos sólidos consistem principalmente em seringas, agulhas, frascos e lã de algodão de baixa actividade. Os resíduos são armazenados em recipientes de plástico ou em sacos de plástico castanho e preto e depois colocados nos recipientes com chumbo no armazém de resíduos. Estes resíduos são rotulados com a data de armazenamento e para a sua gestão assume-se que todo o material radioactivo é constituído pelo material com o período mais longo (geralmente Tl 201 e Ga67).

Tabela de eliminação de resíduos sólidos pt:

RN	T½	T enfriamiento	Nº T½	Factor de reducción
Ga-67	3.26 d	90 días (3 meses)	27.6	4.9 E-09
Tc-99m	6 h	30 días (1 mes)	120	Despreciable
In-111	2.81 d	90 días (3 meses)	32	2.3 E-10
Tl-201	3.3 d	90 días (3 meses)	27.3	6.17 E-9
Y-90	2.67 d	90 días (3 meses)	33.7	7.1 E-11
I-123	13.2 h	30 días (1 meses)	54.5	Despreciable
Sr-89	50.5 d	730 días (2 años)	14.46	4.45 E-05
Re-186	3.78 d	120 días (4 meses)	23.81	6.8 E-08
Er-169	9.4 d	180 días (6 meses)	19.15	1.72 E-6
I-131	8.02 d	180 días (6 meses)	22.44	1.75 E-07
Cr-51	27.7 d	365 días (1 año)	13.18	1.1 E-04
I-125	60 d	730 días (2 años)	12.17	2.18 E-04
Sm-153	1.929 d	30 días (1 mes)	15.55	2.1 E-05
Ra-223	11.4 d	180 días (6 meses)	15.79	1.77 E-05

Os contentores são evacuados, depois de decorrido o tempo correspondente, sem qualquer rótulo. São sempre eliminados quando a data de eliminação é ultrapassada, embora, se o seu espaço não for necessário, sejam eliminados em datas posteriores para reduzir a sua actividade. Toda a eliminação é registada no diário de bordo da instalação, indicando o nível de dose ambiental (normalmente comparável com a
fundo ambiental).

CLASSIFICAÇÃO DOS RESÍDUOS RADIOACTIVOS

Classificação por nível de actividade

Os resíduos sólidos de uma entidade serão considerados radioactivos se a concentração de substâncias radioactivas neles contida exceder a concentração admissível para eliminação (desclassificada).

Os **resíduos líquidos** de uma entidade são considerados radioactivos se a concentração de substâncias radioactivas exceder a concentração admissível para distribuição (desclassificada). Os resíduos radioactivos pelo seu nível de actividade são classificados da seguinte forma, sendo desqualificados (ou dispensados): materiais que contenham radionuclídeos em concentrações inferiores às estabelecidas pela autoridade reguladora.

a) **Resíduos de baixo nível (e de curto período):** resíduos radioactivos de baixo nível (até 104 TBq/m3) contendo radionuclídeos de curto período, ou seja, com meia-vida de menos de 100 dias. Espera-se que a radioactividade diminua para níveis de depuração aproximadamente 3 anos após a geração.

b) **Resíduos de baixo ou médio nível (e de curto período):** resíduos cuja radioactividade não excede a radioactividade dos resíduos. diminui para níveis de depuração no prazo de 3 anos após terem sido gerados e contendo radionuclídeos emissores de beta/gama com meia-vida inferior a 30 anos e/ou radionuclídeos emissores de alfa, com uma actividade total inferior a 400 Bq/g e uma actividade total inferior a 4000 Bq em cada pacote de resíduos.

c) **Resíduos de baixo ou médio nível (e de longo período):** resíduos cuja radioactividade é superior aos resíduos de baixo ou médio nível e de curto período e que contêm radionuclídeos com meia-vida superior a 30 anos. A geração de calor destes resíduos não ultrapassa os 2 kW/m^3 .

Os chamados resíduos radioactivos de nível baixo e intermédio (vida curta e média) são aqueles cuja actividade se deve principalmente à presença de radionuclídeos com uma meia-vida curta ou média (menos de 30 anos), e cujo conteúdo de radionuclídeos de longa duração é muito baixo e limitado.

Os chamados resíduos radioactivos de muito baixo nível (de curta e média duração) poderiam ser **definidos como um subconjunto dos acima referidos quando apenas atingem concentrações de**

actividade na ordem dos 10 a 1000 Bq/g. Desde 2008, tem sido estabelecida uma gestão final diferenciada através de sistemas de armazenamento final adequados ao risco radiológico envolvido.

Os resíduos radioactivos de longa duração de muito baixo nível gerados provêm da extracção de urânio e das actividades de fabrico de concentrados e contêm radionuclídeos das cadeias de decomposição do urânio (238) e do tório (232), que em geral têm meia vida muito longa. Em Espanha, a gestão deste tipo de resíduos radioactivos tem sido efectuada até à data através do empilhamento e estabilização in situ nas próprias instalações de produção.

Os chamados resíduos altamente radioactivos são aqueles que contêm emissores alfa de longa duração, com uma semi-vida de mais de 30 anos, em concentrações apreciáveis e que podem gerar calor como resultado da decadência radioactiva, uma vez que a sua actividade específica é elevada. A solução temporária para este grupo de resíduos radioactivos consistirá no seu armazenamento no Armazém Temporário Centralizado (ATC). Os resíduos radioactivos também podem ser classificados de acordo com outros critérios: segundo a sua origem, pelo seu estado físico (líquido, sólido ou gasoso), pelas suas propriedades (compactáveis/não compactáveis, incineráveis/não-incineráveis, metálicos...).Os resíduos radioactivos são classificados em diferentes categorias tendo em conta os seus níveis de radioactividade, o período radioactivo dos radionuclídeos que contêm na sua maioria e a gestão final prevista ou já em vigor.Tecnicamente, a gestão dos resíduos radioactivos envolve uma série de operações de engenharia distribuídas em várias fases, como mostra o diagrama seguinte:

- Segregação e Acolhimento.

- Pré-armazenamento.

- Tratamento.

- Solidificação ou Imobilização.

- Embalagem.

- Armazenamento temporário de resíduos acondicionados.

- Evacuação ou armazenamento final.

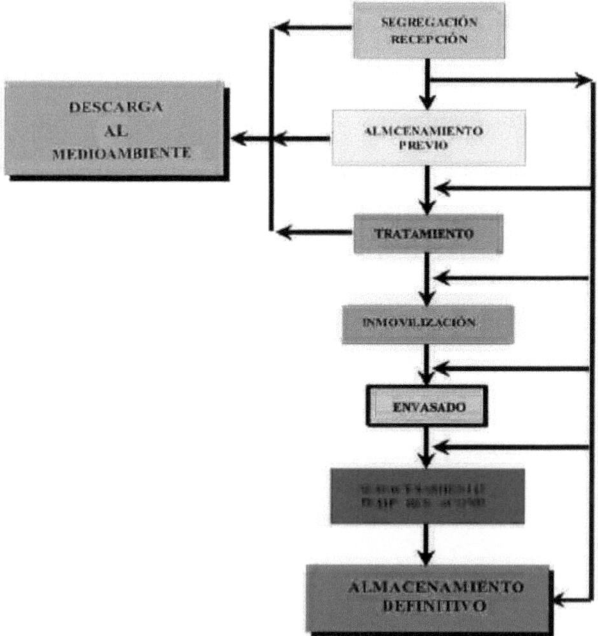

Muitas vezes, dependendo do caso, uma ou mais operações de transporte têm de ser realizadas uma ou mais vezes, funcionando como uma ligação entre duas ou mais fases consecutivas. As diferentes operações que compõem a gestão de resíduos, as instalações onde estas operações são realizadas e o pessoal responsável por elas são sujeitos a um processo de autorização e controlo pela autoridade competente. De todas as operações de gestão, destacamos, devido à sua aplicação prática aos operadores, o seguinte tópico de embalagens de resíduos de nível baixo e intermédio.

Classificação pela meia-vida do isótopo presente nos resíduos radioactivos ou na fonte radioactiva fora de uso:

a) Meia-vida curta T_ < 1 ano

b) Semi-vida média 1 ano < T_ < 30 anos

c) Meia-vida longa T_ > 30 anos

Classificação por condição física:

a) Gasoso

b) Líquidos: Orgânicos e aquosos

c) Sólidos: Compactáveis e Não Compactáveis

REQUISITOS DE GESTÃO DE RESÍDUOS RADIOACTIVOS

Nenhuma pessoa singular ou colectiva está autorizada a descarregar, libertar ou evacuar substâncias ou fontes radioactivas para o ambiente sem autorização prévia da Secretaria de Estado do Ambiente e dos Recursos Naturais. Para a descarga de substâncias ou fontes radioactivas desclassificadas, bem como para a sua transferência ou transporte, é necessária uma autorização concedida pela agência reguladora. Os resíduos radioactivos devem ser classificados e segregados no local e imediatamente após a geração, de forma a facilitar as fases subsequentes da gestão dos resíduos radioactivos. É importante separar os materiais não radioactivos dos materiais radioactivos. Os resíduos radioactivos, tanto sólidos como líquidos, devem ser segregados no local de origem de forma diferenciada e em contentores diferentes dos resíduos comuns. Os contentores para a segregação, recolha ou armazenamento dos resíduos radioactivos devem ser adequados às características físicas, químicas, biológicas e radiológicas dos produtos que irão conter e manter a sua integridade. Os contentores devem ter um fecho adequado para evitar a fuga de substâncias radioactivas. A contaminação externa da superfície destes recipientes (contentores) não deve exceder os seguintes valores médios, a partir de medições efectuadas em diferentes áreas de 300 cm 2 da superfície externa do recipiente. Os resíduos radioactivos líquidos gerados durante o trabalho devem ser recolhidos em recipientes de plástico de boca larga, devidamente fechados. O pH das soluções pode variar de 7,0 a 8,0 e deve ser verificado e registado. No caso de resíduos líquidos orgânicos que possam atacar recipientes de plástico, os resíduos podem ser mantidos em recipientes de vidro. Estes últimos devem ser colocados dentro de outros recipientes metálicos, capazes de conter todo o volume de resíduos em caso de quebra do recipiente de vidro. Os resíduos radioactivos biológicos, tais como animais experimentais ou órgãos isolados, devem ser mantidos em sacos de congelação de nylon ou em soluções apropriadas.

Os contentores ou recipientes em que os resíduos radioactivos são armazenados devem ser marcados e etiquetados com os dados referidos no Modelo de Formulário de Identificação de Contentor de **Resíduos Radioactivo**, que deve conter as seguintes informações:

a) Número de identificação (Código)

b) Tipo de resíduos

c) Radionuclídeos

d) Actividade (medida ou estimada), com data de medição

e) Origem dos resíduos (de que entidade ou aplicação provém)

f) Potenciais riscos associados (químicos, infecciosos, etc.)

g) Taxa de dose superficial (data da medição)

h) Quantidade de resíduos (peso, volume)

i) Pessoa Responsável

Os contentores ou contentores onde serão armazenados resíduos contaminados com radioisótopos com uma semi-vida superior a 100 dias devem ter etiquetas duráveis que facilitem a identificação mesmo para armazenamento prolongado. O armazenamento de resíduos radioactivos e fontes radioactivas fora de uso deve ser centralizado em cada instalação radioactiva, facilitando assim os controlos administrativos, radiológicos e de segurança e facilitando a gestão dos resíduos.

A instalação de armazenamento deve estar situada num local seguro, onde seja fácil de deslocar das instalações radioactivas para o próprio armazenamento e, se necessário, permitir a transferência da instalação de armazenamento para os veículos de transporte de resíduos ou para o local de eliminação final. Deve também estar num local isolado e controlado, sem risco de humidade e permitindo a rápida evacuação do pessoal em situações de emergência. As instalações devem ser adequadamente sinalizadas e permitir o acesso apenas a pessoal autorizado. A capacidade de armazenamento deve ser calculada em função do volume de resíduos a armazenar em decomposição para descarga após decorridos os períodos de semi-integração necessários. Recomenda-se que seja prevista uma reserva de 20% para possíveis flutuações no trabalho. Devem ser criadas as condições necessárias para armazenar temporariamente as quantidades de resíduos radioactivos gerados na instalação durante pelo menos um ano. Deve haver um local nas instalações para o armazenamento de meios de descontaminação, para situações imprevistas. Deve haver meios de protecção individual (luvas, batas, respiradores, etc.), de descontaminação (detergentes, soluções de descontaminação, escovas, panos, ferramentas básicas, etc.), de recolha de resíduos (coberturas, recipientes para líquidos, papel absorvente, etc.), de isolamento de uma área específica (barreiras, cordas, sinais com símbolos de perigo radioactivo, etc.). Nos locais onde os resíduos radioactivos são manuseados ou armazenados, os sistemas de ventilação devem garantir a purificação do ar.

As instalações onde são manuseados resíduos radioactivos devem ter um plano de emergência radiológico que deve estar em conformidade com a legislação nacional sobre segurança e resíduos radioactivos. Este plano deve ser considerado:

a) O prognóstico de possíveis acidentes e medidas para a sua prevenção.

b) A ordem da informação às entidades e organizações competentes

c) Medidas a tomar para o isolamento e a liquidação das consequências

d) Evacuação de pessoal, se necessário

e) Medidas a tomar para a resolução dos efeitos do acidente e para a protecção do pessoal durante a realização destes trabalhos.

f) Meios técnicos e protectores para levar a cabo o trabalho de recuperação.

Os elementos radioactivos (radionuclídeos) não podem ser destruídos por qualquer procedimento conhecido, seja químico ou mecânico. A sua destruição final ocorre por decaimento radioactivo, que os converte em isótopos estáveis, ou por transmutação nuclear quando são bombardeados com partículas atómicas. Consequentemente, a gestão dos resíduos radioactivos consiste em controlar as descargas radioactivas e reduzi-las a limites toleráveis, eliminando os radionuclídeos de interesse dos efluentes e resíduos, concentrando-os para que possam ser armazenados ou eliminados de modo a não aparecerem mais tarde em concentrações perigosas na biosfera. Na gestão de resíduos radioactivos, aplica-se um de dois métodos fundamentais: ou os materiais radioactivos podem ser libertados ou descarregados no ambiente, ou devem ser confinados e isolados da biosfera até que os radionuclídeos nocivos sejam desintegrados e reduzidos a concentrações inofensivas. A libertação de radioactividade no ambiente ocorre geralmente sob a forma de efluentes de resíduos (líquidos ou gases) provenientes de instalações nucleares. A quantidade de radioactividade libertada desta forma deve estar em conformidade com os níveis de exposição permitidos para grupos populacionais e é determinada pelos regulamentos e directrizes nacionais, geralmente baseados nas recomendações da Comissão Internacional de Protecção contra as Radiações.

Resíduos hospitalares e poluição ambiental.

O ambiente é o ambiente que afecta os seres vivos e condiciona as suas circunstâncias de vida. As condições (físicas, económicas, culturais, etc.) de um lugar, de um grupo ou de uma época. O ambiente natural compreende componentes físicos tais como ar, temperatura, relevo, solos e corpos de água.

água, bem como componentes vivos, plantas, animais e microrganismos. Qualquer organismo obtém do ambiente o sustento necessário para garantir a sua sobrevivência, não só comida, mas também abrigo, ar ou energia. Por conseguinte, manter o seu equilíbrio é essencial para garantir a vida tal como a conhecemos hoje. No entanto, podemos distinguir

entre dois tipos de ambiente; o ambiente natural e o ambiente construído. A diferença é que o primeiro ocorre naturalmente, enquanto o segundo é o ambiente que o ser humano modificou. Poder-se-ia dizer que o ambiente inclui factores físicos (como o clima e a geologia), factores biológicos (população humana, flora, fauna, água) e factores socioeconómicos (actividade laboral, urbanização, conflitos sociais). Um ambiente limpo é uma fonte de satisfação, melhora o bem-estar mental, permite que as pessoas recuperem do stress da vida quotidiana e se envolvam em actividades físicas. Por exemplo, ter acesso a espaços verdes é essencial para a qualidade de vida. Os resíduos hospitalares enquadram-se numa variedade de categorias devido às suas próprias características e de acordo com a sua origem, um grande volume de resíduos perigosos é representado por resíduos infecciosos que requerem uma gestão adequada. Os resíduos especiais devem ser tratados de forma adequada, dependendo do tipo de resíduos. Os resíduos hospitalares são os resíduos gerados nos processos e actividades de cuidados médicos e investigação nas instalações de saúde. São os resíduos produzidos por uma instalação de saúde.

Categorias de Resíduos Hospitalares

Desecho Infeccioso	Desecho Especial	Residuos Sólidos Comunes (No Peligrosos)
-Cultivos y muestras -Anatómicos Infecciosos -Sangre y productos derivados -Cortopunzantes -Animales -Biosanitarios	-Químicos -Farmacéuticos -Medicación Oncológica -Radioactivos -Metales pesados -Contenedores presurizados	-Reciclables (papel, cartón, vidrio, plástico) -Biodegradables

CORES, ETIQUETAGEM E TIPO DE RECIPIENTES POR CLASSIFICAÇÃO DOS DES ECHOS

Tipo/Clase de residuos	Color	Etiquetado	Símbolo	Tipo de contenedor
Residuos Infecciosos	Rojo	Símbolo Internacional de "Residuos Infecciosos"		Funda o contenedor impermeable a prueba de rompimientos
Cortopunzantes	Rojo	"Residuos cortopunzantes"		Contenedores impermeables paredes rígidas plástico o metal a prueba de punzamientos
Residuos químicos, farmacéuticos y otros peligrosos	Amarillo	Depende del tipo de residuos	Depende del tipo de residuos	Funda plástica impermeable y/o contenedor rígido según sea el caso.
Residuos radiactivos	Según la Norma para la Gestión Ambiental de los Desechos Radiactivos (NA-DR-001-03)	Según la Norma para la Gestión Ambiental de los Desechos Radiactivos (NA-DR-001-03) símbolo internacional de material radiactivo		Según la Norma para la Gestión Ambiental de los Desechos Radiactivos (NA-DR-001-03)
Residuos sólidos comunes	Negro	Según la Norma para la Gestión Ambiental de los Residuos No Peligrosos (NA-DR-001-03)	N/A	Funda plástica

MANUSEAMENTO DE CONTENTORES E SACOS

- Colocar num local visível um rótulo informando os possíveis resíduos específicos que contêm, de acordo com a actividade realizada por cada laboratório.
- A etiqueta guia é elaborada por cada área do Hospital.
- Os contentores e recipientes de resíduos perigosos infecciosos são lavados, desinfectados e secos ao ar duas vezes por semana.
- Os contentores de resíduos não perigosos e os contentores de lixo serão lavados, desinfectados e secos uma vez por semana.
- Em caso de derrames, devem ser lavados imediatamente.

GESTÃO DE RESÍDUOS QUÍMICOS

- As seguintes medidas devem ser tomadas em consideração:
- Deve ser identificado e classificado
- Definir as suas incompatibilidades físicas e químicas por meio de uma ficha de segurança.
- Manusear os resíduos incompatíveis separadamente.
- Considerar a estabilidade do resíduo em termos de humidade, calor e tempo.
- O armazenamento deve ser feito em prateleiras de baixo para cima.
- Os resíduos mais perigosos devem ser colocados na parte inferior, evitando derrames.
- As substâncias voláteis e inflamáveis devem ser armazenadas em locais ventilados e seguros.

GESTÃO DE CONTENTORES DE RESÍDUOS DE MATERIAL CORTANTE

- Os contentores para resíduos de material cortante devem ser removidos das áreas quando estiverem ¾ cheios ou quando tiverem estado lá durante um máximo de dois meses.
- Se após dois meses os contentores de material cortante não tiverem atingido ¾ da sua capacidade, continuam a ser retirados da área.
- Se o recipiente for preenchido na quantidade esperada no tempo estabelecido, recomenda-se que sejam utilizados recipientes mais pequenos.
- Os recipientes não serão recebidos com líquidos no seu interior para evitar relatórios da empresa de limpeza especial.
- Devem ser entregues na via sanitária interna bem fechada e selada com fita adesiva ou fita adesiva à volta da tampa para garantir a estanqueidade em caso de qualquer acidente durante o transporte.
- Devem ser embalados num saco de plástico vermelho com o respectivo rótulo de resíduos perigosos infecciosos.

GESTÃO DOS RESÍDUOS RADIOACTIVOS

- Identificar claramente o tipo de resíduos a armazenar.
- Ter em conta o tipo de meia-vida ao rotular as embalagens.

- Efectuar os cálculos correspondentes ao tempo de armazenamento para a sua subsequente segregação.

- Devem ser embalados em sacos fáceis de identificar, com uma identificação clara dos dados. dos mesmos.

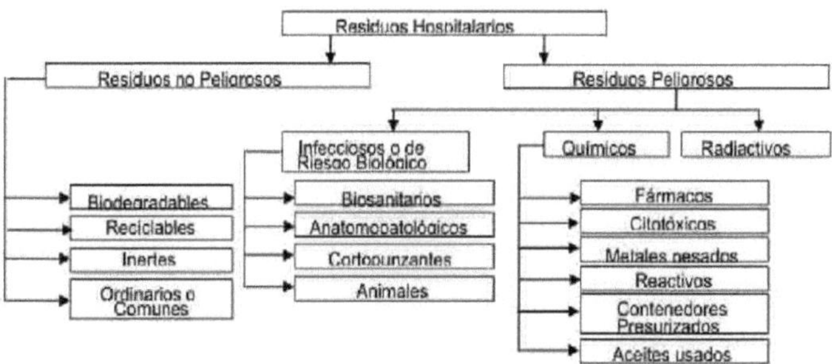

CLASSIFICAÇÃO DE RESÍDUOS HOSPITALARES

RESÍDUOS NÃO PERIGOSOS

São os produzidos pela instituição em qualquer lugar e no desenvolvimento da sua actividade, que não representam um risco para a saúde humana e/ou para o ambiente. Vale a pena esclarecer que quaisquer resíduos hospitalares não perigosos que se presume terem estado em contacto com resíduos perigosos devem ser tratados como tal. Os resíduos não-perigosos são classificados como tal:

Biodegradável

Estes são os resíduos químicos ou naturais que se decompõem facilmente no ambiente. Estes restos incluem vegetais, resíduos alimentares não infectados, papel higiénico, papel não adequado para reciclagem, sabões e detergentes biodegradáveis, madeira e outros resíduos que podem ser facilmente transformados em matéria orgânica.

Recicláveis

Estes são resíduos que não se decompõem facilmente e podem ser reutilizados em processos de produção como matéria-prima. Estes resíduos incluem: alguns papéis e plásticos, sucatas metálicas, vidro, tecidos, raios X, peças e equipamentos obsoletos ou fora de uso, entre outros.

Inerts

São aqueles que não se decompõem nem se transformam em matéria-prima e a sua degradação natural requer longos períodos de tempo. Estes incluem: icopor, alguns tipos de papel, tais como papel químico e alguns plásticos.

Ordinários ou comuns

Resíduos gerados no desempenho normal das actividades. Estes resíduos são gerados em escritórios, corredores, áreas comuns, cafetarias, salas de espera, auditórios e, em geral, em todas as áreas da instituição.

RESÍDUOS PERIGOSOS

Resíduos produzidos pelo gerador com uma das seguintes características: infecciosos, combustíveis, inflamáveis, explosivos, reactivos, radioactivos, voláteis, corrosivos e/ou tóxicos; que podem causar danos à saúde humana e/ou ao ambiente. Do mesmo modo, os recipientes, embalagens e invólucros que tenham estado em contacto com eles são considerados perigosos.

São classificados da seguinte forma:

Resíduos Infecciosos ou Biologicamente Perigosos

São aqueles que contêm microrganismos patogénicos tais como bactérias, parasitas, vírus, fungos, vírus oncogénicos e recombinantes e as suas toxinas, com virulência e concentração suficientes para produzir uma doença infecciosa em hospedeiros susceptíveis. Todos os resíduos hospitalares e semelhantes que se suspeite terem sido misturados com resíduos infecciosos (incluindo restos de alimentos parcialmente consumidos ou não consumidos que tenham tido contacto com doentes considerados de alto risco) ou que gerem dúvidas na sua classificação, devem ser tratados como tal.

Os resíduos infecciosos ou bio-perigosos são classificados da seguinte forma: Biossanitários

Estes são todos os elementos ou instrumentos utilizados durante a realização de procedimentos de saúde que têm contacto com matéria orgânica, sangue ou fluidos corporais do paciente humano ou animal, tais como: gaze, pensos, aplicadores, lã de algodão, drenos, ligaduras, pavios, luvas, sacos de transfusão de sangue, cateteres, sondas, material de laboratório, tais como tubos, etc, etc., etc.capilares e tubos de ensaio, meios de cultura, lamelas e lamelas, lâminas, sistemas de cultura, meios de cultura A utilização de drenos fechados e selados, vestuário descartável, guardanapos sanitários, fraldas ou qualquer outro artigo descartável introduzido pela tecnologia médica para os fins indicados neste numeral.

Anatomopatológico

São provenientes de restos humanos, amostras para análise, incluindo biópsias, tecidos orgânicos amputados, partes do corpo e fluidos removidos durante necropsias, cirurgias ou outros procedimentos, tais como placentas, restos de exumações, entre outros.

Cortopunzantes

Estes são aqueles que, devido às suas características afiadas ou cortantes, podem dar origem a um acidente percutâneo infeccioso. Estes incluem: limas, lancetas, lâminas, agulhas, restos de ampolas, pipetas, lâminas de bisturi ou vidro, e qualquer outro elemento que, devido às suas características afiadas, possa causar lesões e risco infeccioso.

CONTAMINAÇÃO RADIOACTIVA AMBIENTAL E RADIOACTIVIDADE

A contaminação radioactiva é a presença indesejada de substâncias radioactivas no ambiente. Esta contaminação pode ser devida a radioisótopos naturais ou artificiais. O primeiro destes ocorre quando estamos a lidar com isótopos radioactivos que existem na crosta terrestre desde a formação da terra, ou aqueles que são continuamente gerados na atmosfera pela acção dos raios cósmicos. Existe, portanto, um fundo de radiação. Contudo, estes radioisótopos naturais podem ser encontrados em concentrações mais elevadas do que as encontradas na natureza (dentro da variabilidade existente), devido à própria actividade humana (como a mineração e as centrais nucleares para gerar energia), pelo que podemos falar de contaminação radioactiva.No segundo caso, o dos radioisótopos artificiais, os radioisótopos não existem naturalmente na crosta terrestre, mas foram gerados pelo homem em reactores nucleares específicos ou em testes nucleares. Neste caso, a definição de contaminação é menos difusa, uma vez que qualquer quantidade presente na Terra pode ser considerada como contaminação. As definições são portanto utilizadas com base nas capacidades técnicas de medição destes radioisótopos, de possíveis acções de limpeza ou de perigosidade (para o homem ou biota). A contaminação radioactiva ambiental é principalmente produzida pela utilização de substâncias radioactivas naturais ou artificiais, a utilização de energia nuclear e de armas nucleares, constituindo um grande perigo de contaminação para a natureza e a humanidade; uma vez que muitos resíduos destes materiais contaminantes foram espalhados por toda a Terra. Os riscos de contaminação radioactiva para as pessoas e o ambiente dependem da natureza do contaminante radioactivo, do nível de contaminação e da extensão da contaminação; uma vez que toda a radiação é genotóxica, a probabilidade de alterações genéticas e de produção de mutações dependerá do grau de exposição das células de um organismo. Nos últimos anos, os riscos de contaminação radioactiva ambiental devido a radionuclídeos artificiais diminuíram consideravelmente, a comunidade científica prestou especial atenção à contaminação com elementos radioactivos naturais. O homem moderno está exposto à radioactividade de muitas maneiras, tanto naturais como antropogénicas, por exemplo, viagens aéreas a grande altitude, televisão a cores e relógios digitais. Estes exemplos são bastante comuns e indicam a estreita relação entre o homem e a radioactividade, especialmente a radioactividade antropogénica. A radioactividade também pode chegar ao homem através dos alimentos, do vento e da água. Quer a radioactividade tenha tido origem numa explosão de ensaio nuclear, como resultado de uma libertação de vapores radioactivos de um acidente numa central nuclear ou de qualquer outra forma, pode viajar ao vento para áreas distantes da fonte de emissão e descer com os mesmos ventos, chuvas, neve ou poeira à superfície da terra; uma vez lá, pode passar para as águas subterrâneas, correntes do metro ou permanecer no solo de onde é passado para as plantas, que mais tarde serão consumidas por animais herbívoros, concentrando o material radioactivo nos seus tecidos.Odum (1983) define a poluição como a alteração prejudicial das características físicas, químicas e biológicas do nosso ar, terra e água, que pode ou irá afectar negativamente a vida humana e a das espécies benéficas; estas alterações são devidas à incorporação de qualquer substância ou forma de energia com potencial para causar danos, irreversíveis ou não, no ambiente receptor. Neste sentido, a contaminação radioactiva ambiental é considerada como a incorporação de energia ionizante ou elementos radioactivos, chamados radionuclídeos, num determinado componente ambiental (biológico, hidrológico, geológico ou atmosférico).

Porque é que os radioisótopos são tão perigosos?

Os radioisótopos são elementos químicos com um núcleo instável que se decompõem espontaneamente para um núcleo estável. Esta desintegração segue um curso definido através da geração de um conjunto de radioisótopos chamado série, sequência ou cadeia de decomposição, uma vez que os radioisótopos intermediários para cada radionuclídeo que se desintegra são quase sempre os mesmos que seguem um caminho de energia mínima. Esta desintegração produz radiação de alta energia que literalmente decompõe os tecidos dos seres vivos quando os atinge directamente. Em particular, o ADN, que pode causar danos irreversíveis, dependendo da dose recebida. Quando estas células são suficientemente danificadas para que os mecanismos de reparação possam intervir, podem ser gerados erros na replicação do material genético induzido pela própria radiação, o que pode criar tumores (natureza mutagénica da radiação).

Quando se fala de contaminação radioactiva, vários aspectos são geralmente discutidos:

a) Contaminação de pessoas. Esta pode ser interna quando ingeriram, injectaram ou respiraram um radioisótopo, ou externa quando material radioactivo foi depositado na sua pele.

b) Contaminação de alimentos. Do mesmo modo, pode ter sido incorporado no interior do alimento ou estar no exterior do alimento.

c) Contaminação do solo. Neste caso, a contaminação pode ser apenas superficial ou pode ter penetrado profundamente.

d) Contaminação da água potável. Aqui a contaminação aparecerá como radioisótopos dissolvidos na mesma.

A contaminação radioactiva de pessoas pode ocorrer externa ou internamente. Externamente, o vestuário ou a pele podem ser contaminados para que uma certa quantidade de material radioactivo adira a eles. Internamente, pode ser produzido por ingestão, absorção, inalação, ou injecção de substâncias radioactivas. Quando existe material radioactivo na forma gasosa, aerossol, líquida ou sólida (esta última sob a forma de pó), parte dele pode impregnar a roupa ou a pele das pessoas que entram em contacto com este material. Também pode ser ingerido, quer porque os alimentos ou a água estão contaminados, quer acidentalmente colocando as mãos contaminadas na boca, ou inalado ao entrar num ambiente onde há pó contaminado em suspensão, aerossóis ou gases com conteúdo radioactivo.No primeiro caso, a contaminação permanece no exterior da pessoa, de modo que a dose recebida provém das radiações emitidas que depositam parte ou toda a sua energia no organismo. No segundo caso, o material entra no organismo, e durante a sua viagem até ser excretado (através do suor, urina ou fezes) deposita por sua vez a energia emitida por estas radiações nos órgãos através dos quais é transferido. Estas contaminações podem ocorrer em todas as práticas em que os materiais radioactivos são manuseados, e falamos de contaminação principalmente quando esta ocorre acidentalmente. No entanto, embora a contaminação externa seja facilmente controlável, a contaminação interna pode ser fatal. Por este motivo, é necessário utilizar equipamento de protecção adequado para evitar tocar ou inalar quaisquer partículas contaminadas, selando assim o operador do exterior contaminado. Desta forma, são eliminadas todas as radiações alfa e beta, que também são muito nocivas se entrarem no corpo.

O corpo humano pode incorporar radioelementos de várias maneiras:

a) Por respiração: quando os átomos que compõem o gás rádon se desintegram enquanto estão nos pulmões, os seus produtos de desintegração são fixados noutras partículas mais pesadas que por sua vez podem fixar-se nos pulmões, e continuam a sua cadeia radioactiva e as suas emissões no interior do corpo.através dos alimentos: Quando o solo está contaminado, as plantas, e os animais que as comem, podem, por sua vez, ficar contaminados. Certos organismos são particularmente radioacumulativos, tais como alguns tipos de cogumelos ou mexilhões. Há também órgãos que são mais sensíveis à radiação do que outros, e diferentes radioisótopos ligam-se melhor a um ou a outro. Por exemplo, a tiróide fixa o iodo (radioactivo ou estável), e por esta razão quando há libertações significativas de iodo radioactivo (como no caso de um acidente grave numa central nuclear), uma medida para mitigar os danos que podem ocorrer é a distribuição de pastilhas estáveis de iodo a pessoas que possam ser afectadas, para que a tiróide fique saturada com este iodo e seja evitada a incorporação de iodo radioactivo.

A RADIAÇÃO EMITIDA É DE TRÊS TIPOS PRINCIPAIS

a) alfa: estes são núcleos de hélio, 4 He 2+ , emitidos a alta velocidade. Uma contaminação externa é pouco susceptível de causar danos aos seres humanos porque a sua capacidade de penetração é pequena. Assim, na atmosfera, perdem rapidamente a sua energia cinética, porque interagem fortemente com outras moléculas devido à sua grande massa e carga eléctrica. Em geral, não podem passar através de uma folha de papel, e são completamente parados pela própria pele. A situação é diferente se o material radioactivo tiver sido ingerido, pois nesse caso as partículas alfa actuam localmente como projécteis contra tecidos causando grandes danos fisiológicos. Um isótopo emissor de alfa é o plutónio-238.

b) beta: electrões, e - , e positrões, e + , de alta energia devido à desintegração de neutrões e prótons, respectivamente, no núcleo. Devido à sua massa muito pequena, o seu poder de penetração é muito maior, pelo que existe um risco de possível contaminação externa se o material radioactivo estiver ligado ao vestuário. Esta radiação é parada por uma folha de alumínio ou vários metros de ar e pode penetrar tecidos até alguns mm, de modo que a contaminação interna pode causar danos ao corpo. Um radioisótopo emissor de beta puro é o estrôncio-90. Um terceiro tipo de decadência beta é a captura electrónica que ocorre em núcleos com excesso de prótons, que se interconvertem em neutrões.

c) gama: ? é radiação electromagnética de energia muito elevada, uma vez que vem do núcleo atómico, e é emitida quando o núcleo excitado passa para um estado de energia mais baixa. O seu poder penetrante é tão grande que passa literalmente através do corpo humano, quebrando as moléculas no seu caminho, quer sejam proteínas, paredes celulares, ADN, etc. Estas radiações são as mais perigosas em caso de contaminação radioactiva. São normalmente interrompidas por 1 m de betão ou vários centímetros de chumbo. Os emissores gama são, por exemplo, o cobalto-60 e o césio-137.

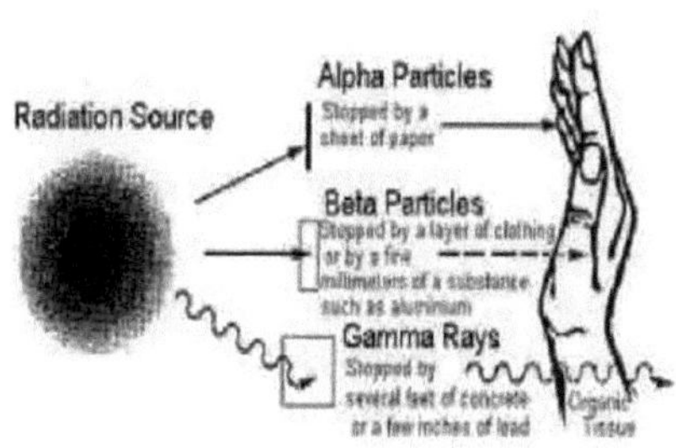

EFEITOS BIOLÓGICOS DA RADIAÇÃO IONIZANTE. MECANISMO QUE PODE OCORRER DEVIDO À MANIPULAÇÃO INCORRECTA DE ISÓTOPOS RADIOACTIVOS E DOS SEUS RESÍDUOS.

É importante saber que a radiação ionizante controlada não representa qualquer risco para a nossa saúde. Na realidade, as radiações coexistem connosco, uma vez que se encontram na natureza e são também utilizadas em benefício da humanidade em muitas áreas como a medicina ou a indústria. Contudo, a utilização indevida da radiação ionizante pode ter efeitos nocivos para a saúde. A radiação ionizante, como o seu nome indica, tem a capacidade de produzir ionização nos átomos com os quais interage devido à sua elevada energia. Assim, estas radiações podem alterar as estruturas químicas das moléculas que formam as células do nosso organismo. Se a molécula alterada for importante para o funcionamento da célula, como é o caso do ADN (ácido desoxirribonucleico), haverá consequências prejudiciais para a célula. Dependendo, entre outros factores, da dose de radiação, os danos produzidos serão de maior ou menor gravidade, o que por sua vez determinará o tipo de efeito que pode ser produzido no organismo. Se, em consequência da irradiação, ocorrerem danos muito graves, a célula morrerá. Se o número de células que morrem for pequeno, não haverá consequências, uma vez que o nosso corpo tem a capacidade de reabastecer essas células. No entanto, se o número de células que morrem num tecido ou órgão em consequência da irradiação for elevado, haverá um efeito prejudicial, que dependerá do tecido ou órgão mais afectado pela radiação. Estes efeitos ocorrem após exposição a doses elevadas de radiação e são conhecidos como reacções tecidulares ou efeitos determinísticos. Os primeiros efeitos determinísticos, ou os menos graves, só aparecem após doses de 1 Gy (Cinza). Uma dose desta magnitude só pode ocorrer no caso de um acidente radiológico. Geralmente, estes primeiros efeitos consistem em náuseas, vómitos ou avermelhamento superficial da pele. a pele. Quando as doses recebidas pela pessoa são mais elevadas, pode ocorrer diarreia, queda de cabelo ou perda de cabelo e esterilidade, mas a exposição à radiação nem sempre resulta na morte celular. Em doses baixas, o dano produzido é mais suave e geralmente envolve uma alteração na molécula de ADN, conhecida como uma mutação genética. Certas mutações podem favorecer o desenvolvimento de cancro ou de doenças genéticas hereditárias (ou seja, que se tornariam aparentes na descendência da pessoa irradiada). Estes chamados efeitos estocásticos ocorrem após a exposição a baixas doses de radiação e, o que é importante, são de natureza probabilística. Isto implica que o aumento da dose de radiação recebida não aumenta a gravidade do efeito, mas sim a probabilidade de o efeito ocorrer. Por exemplo, se pensarmos no desenvolvimento do cancro, uma dose mais elevada tornaria mais provável o seu desenvolvimento, mas não implica que o cancro seja mais grave. Tal como outros agentes físicos, químicos ou biológicos, a radiação ionizante é capaz de produzir danos orgânicos. Este dano consiste na transferência de energia ionizante para as moléculas celulares; como resultado desta interacção, as funções celulares podem deteriorar-se temporária ou permanentemente e até causar a morte celular. A gravidade da lesão depende do tipo de radiação, da dose absorvida, da taxa de absorção e da sensibilidade do tecido à radiação. Os efeitos da radiação são os mesmos quer venha de fora ou de material radioactivo dentro do corpo.quando a radiação ionizante atinge um organismo vivo, a interacção a nível celular pode ter lugar nas membranas, no citoplasma, e no núcleo. A radiação ionizante pode deslocar um electrão de um átomo.

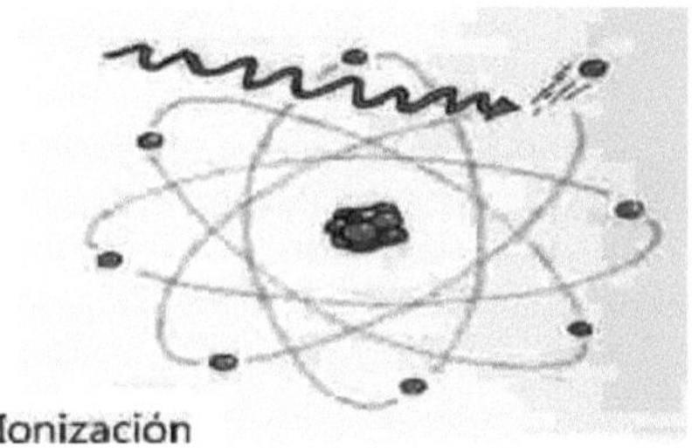

- A ionização altera a estrutura electrónica da matéria e, consequentemente, as suas propriedades.
- Na ionização de tecidos vivos, a ionização produz alterações químicas.
- Os efeitos biológicos da radiação derivam dos danos que causam à estrutura química das células: ADN.

EFEITO BIOLÓGICO DA RADIAÇÃO

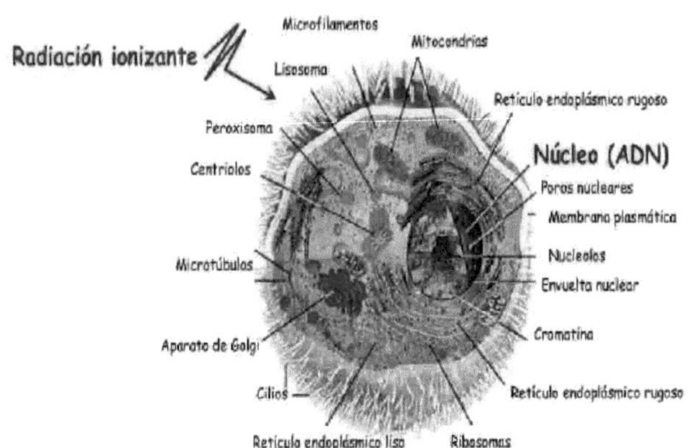

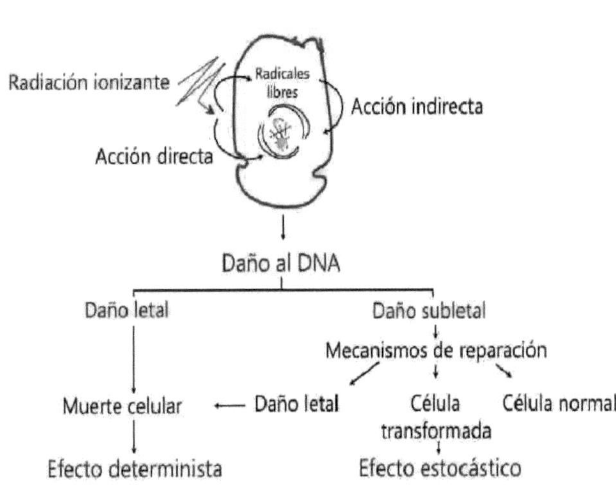

EFEITO BIOLÓGICO RADIOINDUZIDO

	Efectos estocásticos	Efectos deterministas
Mecanismo	Lesión subletal una o pocas células	Lesión letal muchas células
Naturaleza	Somáticos o heredables	Somáticos
Gravedad	Independiente de dosis	Dependiente de dosis
Dosis umbral	No	Sí
Relación dosis-efecto	Lineal-cuadrática	Lineal
Aparición	Tardía	Inmediata o tardía

RESUMO DO EFEITO PRODUZIDO PELA RADIAÇÃO IONIZANTE

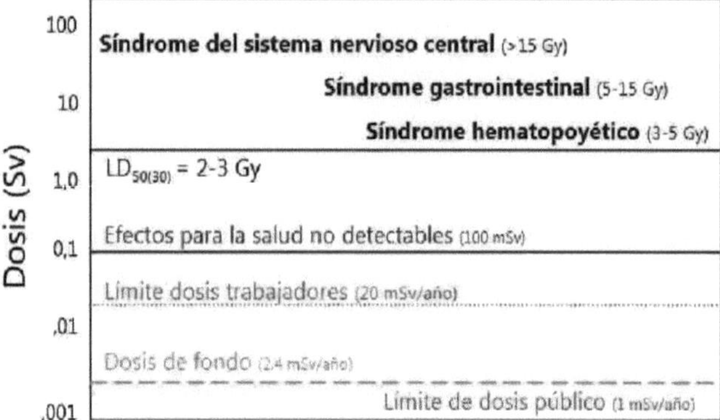

ME T O D O LO G Y PARA A M A N A G E M E N T O D A M A N A G E M E N E M E N T O D O R E A S U R E S D A D I A G N O S T I C A E DIA G N O S T I C A P RO CE D E R S T E RA P E U T I C A S D E N U CLE A R M E DI CIN A R DE PA RTA M E N T O

Procedimento

Instruções gerais:

• As operações relacionadas com a manipulação de material radioactivo devem ser realizadas com luvas descartáveis e vestidos de mangas compridas. A utilização de um dosímetro pessoal é obrigatória.

• O material radioactivo só pode ser manuseado por pessoal autorizado.

• Retirar etiquetas e símbolos de perigo radioactivo das caixas ou embalagens antes de serem eliminados como lixo comum.

• A revisão e monitorização das embalagens será realizada apenas na área de armazenamento de resíduos.

• Os resíduos convencionais serão geridos em contentores separados dos resíduos radioactivos.

• Os critérios iniciais a serem utilizados para a segregação dos resíduos radioactivos são: pelo radionuclídeo contido, e pela sua forma físico-química.

• Se houver um contrato de recolha de resíduos radioactivos com uma entidade autorizada, os resíduos serão separados de acordo com a classificação estabelecida por essa entidade.

• Os materiais que podem rasgar recipientes (geralmente sacos de plástico) tais como agulhas hipodérmicas ou outros materiais cortantes ou afiados devem ser colocados em unidades

contenção rígida (latas e recipientes semelhantes). As agulhas só devem ser eliminadas com a sua cobertura protectora.

• Os resíduos radioactivos serão armazenados na sala de armazenamento de resíduos radioactivos. A porta desta sala será trancada e o acesso à mesma será controlado pelo Oficial de Protecção contra as Radiações.

• A entrada ou saída de resíduos das Instalações de Armazenamento será registada no Registo de Controlo de Resíduos Radioactivos.

• Os geradores usados serão armazenados com a sua blindagem na instalação de armazenamento de resíduos radioactivos até serem recolhidos pela entidade autorizada.

RE S U M M E N T O D O S P A R T IC U L A R I A S G RE G A Ç Ã O

131I resíduos

1. Quaisquer restos de soluções de dose terapêutica I131 e frascos de solução original serão recolhidos separadamente na sua blindagem de chumbo original, com cerca de 1 cm de espessura, e colocados na sala de armazenamento de resíduos. radioactivo. Está previsto um tempo máximo de armazenamento de 9 meses. Após verificação de que cumprem o seu nível de libertação como resíduos comuns, os frascos podem ser enxaguados e esterilizados para reutilização.
2. Os frascos vazios utilizados para a administração de doses baixas de I131 serão recolhidos num recipiente rígido com papel absorvente no interior (<1mCi). O recipiente rígido terá blindagem de chumbo com cerca de 1 cm de espessura e será localizado na Instalação de Armazenamento de Resíduos Radioactivos. Está previsto um tempo máximo de armazenamento de 6 meses. Depois de se verificar que cumprem o seu nível de desobstrução podem ser libertados como resíduos comuns, os recipientes podem ser enxaguados e esterilizados para reutilização.

- **99mTc sucata**

Os frascos e seringas de eluição utilizados nas preparações Tc99m serão armazenados durante uma semana na campânula radioquímica em recipientes de chumbo com uma espessura de parede mínima de 0,2 cm (atenuação igual a 100). Os resíduos sólidos tais como algodão, papel e gaze serão armazenados em sacos de nylon transparente dentro de um dos cestos blindados de chumbo de 2 mm de espessura, localizados na Área de Administração de Dose. Os recipientes (garrafas, sacos, latas), uma vez cheios, serão selados e rotulados (ver anexos). No caso de resíduos contendo Tc99m, o procedimento abaixo mencionado será seguido para a decomposição e subsequente gestão convencional. Todos os resíduos terão um tempo máximo de armazenamento de 10 dias. Após verificação de que cumprem o seu nível de depuração, poderão ser libertados como resíduos comuns.

- **Outros resíduos de radionuclídeos (P32)**

Devido à baixa disponibilidade destes produtos, à baixa actividade total e para simplificar o processo de tratamento de resíduos, todas as seringas e material contaminado com estes produtos serão recolhidos dinamicamente na sala de resíduos, num cesto de protecção de 1cm devidamente coberto com nylon e com papel ou material absorvente que possa absorver um possível derrame. Serão recolhidas durante 7 meses e armazenadas durante 7 meses. Após verificação de que atingem o seu nível de limpeza, poderão ser libertados como resíduos comuns. Quaisquer sobras de soluções terapêuticas e frascos de solução original serão recolhidos separadamente na sua blindagem original de chumbo, com cerca de 1 cm de espessura, e colocados na sala de armazenamento de resíduos radioactivos. Está previsto um período máximo de armazenamento de 12 meses. Após verificação de que cumprem o nível de depuração adequado, podem ser libertados como lixo comum ou podem ser enxaguados e esterilizados para reutilização.

- **Gestão convencional de resíduos com Tc99m**

Fechar e selar o contentor com resíduos Tc99m, localizado na Instalação de Armazenamento de Resíduos Radioactivos, uma vez cheio. Colocar uma etiqueta com as informações indicadas nos (ver anexos). O tempo que os resíduos Tc99m devem permanecer na Instalação de Armazenamento de Resíduos Radioactivos será de pelo menos 10 dias. No final do período de decaimento de 10 dias, o contentor poderá ser gerido da forma convencional, mas não antes da remoção das etiquetas com os símbolos de perigo radioactivo.

- **Gestão convencional de frascos com restos de NaI oral (I131) administrações** <1mCi.

Uma vez enchido com frascos usados, o recipiente deve ser fechado e selado. Calcular a data de evacuação a partir da data de selagem do contentor.
Uma vez expirado o tempo de armazenamento de 6 meses, as garrafas podem ser enxaguadas para reutilização. A água de enxaguamento pode ser descarregada no esgoto comum. O conteúdo do recipiente com as soluções restantes pode ser despejado no esgoto comum após 6 meses.

CARACTERÍSTICAS IMPORTANTES DOS RESÍDUOS RADIOACTIVOS QUE PODE SER USADO COMO PARÂMETRO PARA CLASSIFICAÇÃO

Criticidade de origem
Propriedades radiológicas:

— Meia-vida dos radionuclídeos

— Geração de calor

— Intensidade de radiação penetrante

— Concentrações de actividade radionuclídea

— Contaminação da superfície

— Factores de dose para radionuclídeos relevantes

— Produtos de desintegração

Propriedades físicas:

— Estado físico (sólido, líquido ou gás)

— Tamanho e peso

— Compactidão

— Capacidade de dispersão

— Volatilidade

— Miscibilidade

— Conteúdo líquido gratuito

Propriedades químicas:

— Composição química

— Solubilidade e quelatadores

— Possível perigo químico

— Resistência à corrosão/corrosão

— Conteúdo orgânico

— Combustibilidade e inflamabilidade

— Reactividade química e potencial de expansão

— Geração de gás

— Sorção de radionuclídeos

Propriedades biológicas:

— Potenciais riscos biológicos

— Bioacumulação

Outros factores:

— Volume

— Quantidade produzida por unidade de tempo

— Distribuição física

Para satisfazer todos estes propósitos, um sistema ideal de classificação de resíduos radioactivos deve cumprir uma série de objectivos, nomeadamente

• cobrem todos os tipos de resíduos radioactivos;
• servir todas as fases da gestão dos resíduos radioactivos e ser capaz de abordar as interdependências entre eles;

• relacionar as classes de resíduos radioactivos com os riscos potenciais associados para as gerações presentes e futuras;

• oferecem flexibilidade suficiente para responder a necessidades específicas;
• ser simples e fácil de compreender;
• ser aceite como base comum para a caracterização de resíduos por todas as partes, incluindo reguladores, operadores e outras partes interessadas,

• para permitir a sua aplicação máxima.

REFERÊNCIAS BIBLIOGRÁFICAS

1. IAEA Safety Standards Series, GSR Part 3, IAEA, Viena. 2011.

2. Guia Técnico para a gestão de materiais residuais com conteúdo radioactivo provenientes de instalações no campo sanitário. Publicação SEPR No. 6. 2002

3. ORGANIZAÇÃO INTERNACIONAL DE ENERGIA ATÓMICA, Protecção contra as Radiações e Segurança das Fontes de Radiação, Normas Básicas Internacionais de Segurança, Publicação da Comissão Nacional de Energia Nuclear Brasileira, Norma CNEN-NN- 8.01.

4. INSTRUMENTAÇÃO NUCLEAR / Agustín TANARRO SANZ. - Madrid: Servicio de Publicaciones de la Junta de Energía Nuclear, 1970. - Física nuclear / I. KAPLAN.- Aguilar, 1965.

5. Radiações ionizantes. A sua utilização e riscos / Xavier ORTEGA ARAMBURU e Jaume JORBA BISBAL, eds - UPC, - **ISBN 84-7653-387-X**

6. Monólogo sobre resíduos radioactivos. Monografia disponível em: file:///C:/Users/Home/Downloads/PO4%20Management%20of%20Waste%20from%20Nuclear%20Me dicine%20.pdf

7. CDC. Agentes Biológicos/Doenças: http://www.bt.cdc.gov/Agent/Agentlist.asp.

8. DAMA. Guia de Gestão Ambiental para Instituições de Saúde Nível III. Bogotá. 2001.

9. INSTITUTO NACIONAL DE SAÚDE. Manual Institucional de Protecção Radiológica. Processo de Saúde Ocupacional e Ambiental. Subdirecção de Investigação. 2009.

10. Masoliver Jordana. Colecção: Manuais de ecogestão 1. Gestão ambiental - Normas. ISO 140000 3. indústria - Aspectos ambientais. 2000.

ANEXOS

ANEXO 1. TABELA DE ELIMINAÇÃO DE RESÍDUOS SÓLIDOS

Os contentores são evacuados, depois de decorrido o tempo correspondente, sem qualquer etiqueta. São sempre eliminados quando a data de eliminação é ultrapassada, embora, se o seu espaço não for necessário, sejam eliminados em datas posteriores para reduzir a sua actividade. Toda a eliminação é registada no livro de registo da instalação, indicando o nível de dose ambiental (geralmente comparável ao contexto ambiental).

RN	T½	T enfriamiento	Nº T½	Factor de reducción
Ga-67	3.26 d	90 días (3 meses)	27.6	4.9 E-09
Tc-99m	6 h	30 días (1 mes)	120	Despreciable
In-111	2.81 d	90 días (3 meses)	32	2.3 E-10
Tl-201	3.3 d	90 días (3 meses)	27.3	6.17 E-9
Y-90	2.67 d	90 días (3 meses)	33.7	7.1 E-11
I-123	13.2 h	30 días (1 meses)	54.5	Despreciable
Sr-89	50.5 d	730 días (2 años)	14.46	4.45 E-05
Re-186	3.78 d	120 días (4 meses)	23.81	6.8 E-08
Er-169	9.4 d	180 días (6 meses)	19.15	1.72 E-6
I-131	8.02 d	180 días (6 meses)	22.44	1.75 E-07
Cr-51	27.7 d	365 días (1 año)	13.18	1.1 E-04
I-125	60 d	730 días (2 años)	12.17	2.18 E-04
Sm-153	1.929 d	30 días (1 mes)	15.55	2.1 E-05
Ra-223	11.4 d	180 días (6 meses)	15.79	1.77 E-05

ANEXO 2. DIAGRAMA DE GESTÃO DE RESÍDUOS SÓLIDOS E LÍQUIDOS

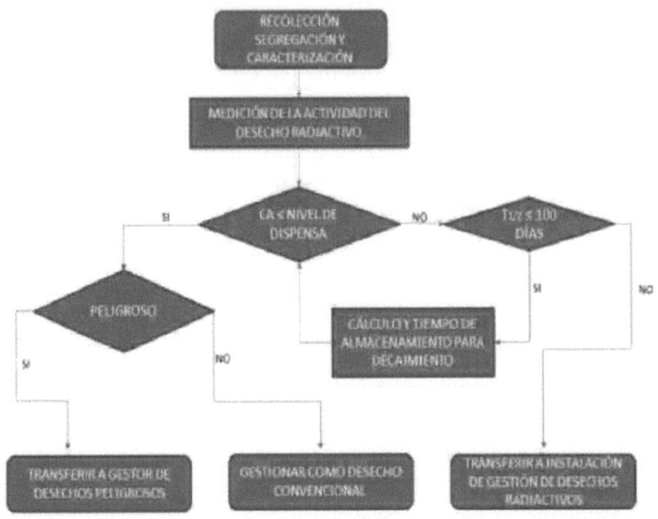

Onde: AC: concentração de actividade de resíduos radioactivos

ANEXO 3. NÍVEIS DE ELIMINAÇÃO DE RESÍDUOS SÓLIDOS E LÍQUIDOS EM INSTALAÇÕES ONDE SÃO PRODUZIDAS PEQUENAS QUANTIDADES DE RESÍDUOS (< 1 TONELADA/ANO).

Radionucleido	Nivel Dispensa (Bq/g)
H-3	1.00E+06
C-11	1.00E+01
C-14	1.00E+04
O-15	1.00E+02
F-18	1.00E+01
Na-24	1.00E+01
P-32	1.00E+03
P-33	1.00E+05
S-35	1.00E+05
Cl-36	1.00E+04
Ca-45	1.00E+04
Sc-46	1.00E+01
Cr-51	1.00E+03
Co-57	1.00E+02
Co-58	1.00E+01
Fe-59	1.00E+01
Ga-67	1.00E+02
Ga-68	1.00E+01
Se-75	1.00E+02
Kr-81m	1.00E+03
Sr-85	1.00E+01
Rb-86	1.00E+02
Rb82m	1.00E+01
Sr89	1.00E+03
Y90	1.00E+03
Nb-95	1.00E+01
Tc-99m	1.00E+02
In-111	1.00E+02
I-123	1.00E+02
I-125	1.00E+03
I-131	1.00E+02
Sn-113	1.00E+03
Xe-133	1.00E+03
Sm-153	1.00E+02

Radionucleido	Nivel de Dispensa	
	Cuba [1] (Bq/l)	**Brasil [2] (Bq/m^3)**
Na-22	4.28E+02	1.10E+05
Na-24	3.19E+03	9.30E+05
P-32	5.71E+02	1.70E+05
S-35	1.05E+04	1.90E+06
K-42	3.19E+03	1.10E+06
Ca-47	8.56E+02	1.90E+05
Cr-51	3.61E+04	9.30E+06
Fe-59	7.61E+02	1.90E+05
Co-58	1.85E+03	3.70E+05
Ga-67	7.21E+03	1.90E+06
Sr-85	2.45E+03	7.40E+05
Sr-89	5.27E+02	1.50E+05
Y-90	5.07E+02	1.30E+05
Mo-99	2.28E+03	3.70E+05
Tc-99	2.14E+03	1.10E+06
Tc-99m	6.23E+04	1.90E+09
In-111	4.72E+03	1.10E+06
I-123	6.52E+03	1.90E+06
I-125	9.13E+01	3.70E+04
I-131	6.23E+01	1.90E+04
Pm-147	5.27E+03	1.30E+06
Er-169	3.70E+03	9.30E+05
Au-198	1.37E+03	3.70E+05
Hg-197	1.38E+04	1.50E+06
Hg-203	2.54E+03	1.30E+05
Tl-201	1.44E+04	3.70E+06

ANEXO 4. FORMULÁRIO DE REGISTO PARA RESÍDUOS SÓLIDOS

[ID] Identificación del desecho	[RN] Racio-nucleido	[$T_{1/2}$] Periodo de semi-desintegración	Peso Bolsa (g)	Medición Fluencia de Partículas [cps] o tasa de dosis (mSv/h)	Fecha de medición	[CA] Concentración de actividad [Bq/g]	[Nd Nivel de Dispensa [Bq/g]	[t] Tiempo de decaimiento [d]	Fecha probable dispensa	Medición de comprobación	Fecha de vertido

ANEXO 5 . FORMULÁRIO DE REGISTO PARA RESÍDUOS LÍQUIDOS

[ID] Identificación del desecho	[RN] Radio-nucleido	[$T_{1/2}$] Periodo de semidesintegración	[V] Volumen [l]	[A_0] Actividad estimada [Bq]	Fecha de estimación de la actividad	[CA] Concentración de actividad [Bq/l]	[Nd] Nivel de Dispensa [Bq/l]	[t] Tiempo de decaimiento [d]	Fecha probable de dispensa	Medición de comprobación	Fecha de vertido	Actividad anual liberada [Bq/año]	Límite de liberación anual [Bq/año]

Printed by Books on Demand GmbH, Norderstedt / Germany